设 计 师 手 稿 系 列

服饰绘：童装款式设计 1288例

王斐然　兰天　著

中国纺织出版社有限公司

内 容 提 要

　　本书分为五章，分别是童装设计概述、童装设计思维与方法、不同年龄段儿童的童装设计要点、儿童春夏装设计案例、儿童秋冬装设计案例。作者从童装设计的专业基础理论展开，以服装美学知识为指导，以儿童各个时期的心理和生理特征为依据，立足于童装设计发展的创新思路和实际需求，为设计师提供丰富、细致的款式参考与灵感来源。

　　本书适合服装设计专业院校师生参考学习，也可供相关从业人员阅读临摹。

图书在版编目（CIP）数据

服饰绘：童装款式设计 1288 例／王斐然，兰天著
. -- 北京：中国纺织出版社有限公司，2023.3
　　（设计师手稿系列）
　　ISBN 978-7-5229-0205-0

　　Ⅰ．①服…　Ⅱ．①王…　②兰…　Ⅲ．①童服—服装款式—款式设计　Ⅳ．①TS941.716

　　中国版本图书馆 CIP 数据核字（2022）第 253113 号

责任编辑：孙成成　　　责任校对：王蕙莹　　　责任印制：王艳丽

中国纺织出版社有限公司出版发行
地址：北京市朝阳区百子湾东里 A407 号楼　邮政编码：100124
销售电话：010—67004422　传真：010—87155801
http://www.c-textilep.com
中国纺织出版社天猫旗舰店
官方微博 http://weibo.com/2119887771
三河市宏盛印务有限公司印刷　各地新华书店经销
2023 年 3 月第 1 版第 1 次印刷
开本：787×1092　1/16　印张：11
字数：200 千字　定价：49.80 元

凡购本书，如有缺页、倒页、脱页，由本社图书营销中心调换

前 言

PREFACE

　　随着人们的生活水平日益提高，我国的童装市场逐渐从追求实惠，开始转向优质、美观、时尚的童装。这为童装产业的快速发展提供了市场基础，同时也极大地刺激了童装市场的消费，加之国内童装产业发展还处于起步阶段，未来必然有更广阔的发展空间。这种发展趋势对童装设计人员提出了更高的要求，同时也是对童装设计教学和童装设计人才培养模式的检验。

　　童装的款式设计在童装设计的构成要素中起着非常重要的作用。本书立足于童装设计发展的新思路，将系统理论和设计实践相结合，既涵盖了童装的专业理论、设计美学等基础知识，又从专业的角度出发，以尊重儿童的个性、引导儿童的审美、保护儿童的健康为目的，细致地阐述了各年龄段儿童的生理和心理特征与服装设计的关系，讨论了不同品类童装设计的要领和方法，并融入新兴的绿色童装设计理念。本书既可供童装设计人员参考，也可作为高等院校服装设计专业的教学用书，或者作为成人教育服装专业的教学参考，同时也可供服装爱好者自学使用。

　　首先，本书从童装专业基础理论展开，以服装美学知识为指导，以儿童各个时期的心理和生理特征为设计依据，突出了儿童的实际着装需求，接着从面料、色彩、图案、造型等方面论述了童装设计，将理论与实践紧密地结合为一体，由浅入深、循序渐进。其次，本书分析了不同年龄段童装设计的要点，以及不同品类童装设计的要点，特别强调了层次需求与市场结合。

由于笔者水平有限，书中难免有不当和错漏之处，同行和读者朋友们如有发现，敬请提出宝贵意见，以便及时修正。在此谨表谢意！

著者

2022年10月

目　录

CONTENTS

第一章

PART1

童装设计概述

第一节　童装的概念及其发展历史

　　儿童是一个比较特殊的群体，不同年龄段儿童身体成长的变化和心理特征的变化是童装设计的重要依据。儿童与服装密切相关，服装不仅是他们的日常必需品，也是亲密的"伙伴"，是其在不同成长阶段的生理和心理需求的外在表达。

一 童装的概念

　　童装即儿童服装，是指适合儿童穿着的服装，包括婴儿（0~1岁）、幼儿（1~3岁）、学龄前儿童（即小童，4~6岁）、中童（7~12岁）、大童（13~17岁）各年龄段儿童的着装。童装体现了儿童、服装和环境之间的综合关系。相比成人，儿童有心理不成熟，身体发育快、变化大，好奇心强，行为控制能力较弱的特点，所以童装设计更强调服装的安全性、功能性和装饰性（图1–1、图1–2）。

二 童装的发展历史

（一）西方童装发展概述

　　在历史上的很长一段时间内，童装都与"小大人"相似。从文艺复兴时期的画像中可以看出，童装和成人的服装款式类似，都采用了相同的复杂装饰。

图1-1　中童童装

图1-2　大童童装

19世纪后期，童装开始区别于成人服装，款式逐渐多元化。这个时期的衣服更符合孩子的身体曲线，质量也更好，穿后可以留给更加年幼的孩子多次穿着。当时的许多童装是手工制作或由少数厂商制作而成的，这些厂商提供的服装款式非常有限，童装款式相对单一。

20世纪初，虽然有一些设计师专门售卖高价童装，但直到第一次世界大战之后，新型童装的商业生产和销售才开始兴起。童装行业发展的另一个原因是，制造商发现机器生产服装的方法比手工缝纫更好。按扣、拉链以及更耐用的缝纫方法的出现，对此也发挥了重要的作用。另外，当厂商开始规范童装尺码时，童装设计也随之向前迈进了一大步。

20世纪20~40年代，童装行业发生了另一个重大转变。妈妈们都想把女孩们打扮成秀兰·邓波儿，把男孩们打扮成英雄牛仔，当时的音乐、影视等行业中的明星形象对人们选择童装产生了较大影响。

（二）我国童装发展概述

在我国，童装有着悠久的历史。早在先秦时期，就有包裹新生婴儿的童装。人们普遍认为，襁褓不仅可以保暖，而且可以让婴儿感到安全和容易入睡，还可以避免腿部骨骼变形，保持身体笔直。因此，襁褓作为一种理想的多功能育儿工具被大多数人所接受，并逐渐演变为一种相对常见的育儿方式（图1-3）。

在唐朝出现了肚兜，肚兜俗名"兜兜"，古称"袜腹""帕腹"。唐代的丝织工艺进一步精炼，肚兜的面料开始使用丝绸，并绣有精美的图案。宝宝的肚兜有保暖、防护的功能。在唐代，孩子们的肚兜基本有两种款式：一种是用方形或圆形的布裹在腰腹部，没有肩带；另一种肚兜呈方形或半圆形，上缘系于颈部，两侧系有腰带（图1-4）。在唐代，四岁以下的儿童被称为"黄"或"小"，这个年龄的儿童穿着没有过多准则。当孩子长大一点，可以在地上行走时，就开始穿半臂和背带裤等服装。半臂又称"半袖"，袖口在肘部，衣服下摆在腰部。背带裤则是指一种从波斯传过来的腰部有带子的条纹小口裤。在新疆吐鲁番阿斯塔纳唐墓出土的双童图织物中，两名男孩都穿着波斯条纹的背带裤，看起来活泼、可爱（图1-5）。

到了宋代，儿童常穿对襟短衫，这种样式的衣服一直沿用到清代（图1-6）。

明清时期是多民族文化融合的时代，经唐宋时期不同民族文化的交流与融合，此时的童装呈现出较为多元化的一面。孩子们穿着不同长度的交领或圆领衫，下着裤，腰间系带。有的母亲还会向邻里讨来碎布缝制衣服，为儿童缝制"百家衣"，期望保佑儿童健康成长（图1-7）。另外，长衫和马甲也是清朝儿童的常用服装（图1-8）。

图1-3 紫砂挂釉襁褓婴儿摆件（晚清）

图1-4 敦煌壁画中的孩童

003

图1-5　新疆吐鲁番阿斯塔纳唐墓出土的双童图织物

图1-6　苏汉臣《婴戏图》
（宋代）

图1-7　百家衣（清代）

　　在童装配饰方面，自古以来就有丰富的单品，冬天孩子们会戴罗汉帽和风雪帽。风雪帽用于冬天挡风和保暖。儿童的风雪帽多做成虎、狮、猫、兔等动物造型，额头简单勾勒出动物的特征，帽子正面两侧各贴一对耳朵，边缘镶有毛皮。有的帽子设计成左右两片动物造型，如公鸡、鲤鱼等，绣上精美的刺绣，然后从中间汇集在一起，从侧面看起来很逼真。

　　在童帽中，最常见的是老虎头饰，而虎头鞋、虎纹围嘴、虎纹腰带等也都成为传统童装的重要组成部分。

图1-8 童装马甲（清代）

第二节 童装的流行趋势

随着经济的快速发展，人们的生活水平和审美观念正在逐步提高，未来童装市场将逐渐呈现出多元化的趋势。人们对优质、个性化童装的需求越来越强烈。童装设计不仅是对传统文化艺术的传承，更是对当今时尚生活方式的诠释。因此，我们也需要对未来童装的造型、图案、工艺等方向进行预判和分析。

一 童装的款式流行趋势

（一）多功能化

在气候不稳定的时代，为了满足消费者一年四季不断变化的服用需求，舒适性和设计感成为重点，尤其是环保消费理念推动了持久功能性的广泛流行，在消费者越来越追求"买少""买精"的当下，多功能化单品更加受到人们的青睐（图1-9）。未来，童装款式从衣领、肩部和腰部等细节入手，打造出更具防护性、舒适性的时尚单品，多功能的可拆卸款式、百搭款式等可能会成为未来的款式设计趋势。其中，可拆卸设计不仅延长了产品的服用周期，也实现了产品多元化的搭配效果。

图1-9　多功能化单品案例

（二）中式传统风格

例如，汉服的无领开襟设计灵感源自传统服饰，将无领对襟或斜门襟应用于现代装，呈现出融合中式传统元素的时尚风格（图1-10）。

图1-10　融合中式传统元素的时尚风格

二—童装的图案流行趋势

（一）立体装饰类

立体装饰元素的呈现激发了童装的设计灵感。它可以使用图案和功能元素来创造有趣的事物，从而创建个性化的交互设计。例如，按扣的可拆卸部件，不仅可以满足个性化的设计需求，还可以赋予款式更多的创意和独特性。立体装饰对于图案中欧根纱、细网纱等清透材质的手工钉绣与印绣花工艺的叠加，不仅可以使图案更为立体，同时也让裙摆和花瓣显得轻盈自然（图1-11）。通过立体绗棉凸显字母特效，以及钉珠和PVC材质的点缀，为服装打造出全新的立体效果。使用立体感图案，更能吸引消费者眼球，同时也提高了童装的趣味性。

图1-11 童装中的立体装饰

（二）民俗图案

民俗图案这种精简化事物形态的方式也同样适合运用在童装图案中，如添加民族纹饰、动物纹样、人像剪影等。这类图案表现出浓厚的民俗风情，使穿着者更能体现出独特的文化内涵（图1-12）。

（三）毛绒玩具类元素

毛绒玩具和玩偶图案，最适合作为T恤、背带裤等童装款式的装饰元素（图1-13）。这种类型的图案适用于多种呈现方式，并且可以使用各种工艺技法来展现丰富的层次效果。

图1-12　民俗图案童装案例

图1-13　毛绒玩具元素的使用

三——童装的工艺流行趋势

（一）锁边工艺

以绗缝缝线为灵感，厚实的缝线效果可以与柔软细腻的羊毛和绒面革面料相结合。粗针脚效果可以突出外套的轮廓。手工质感的缝线和对比色的缝线，赋予外套更抢眼的视觉冲击力，符合手工制衣潮流，提升外套的质感。

（二）流苏工艺

流苏常装饰在结构线或边缘线处。流苏的点缀效果让服装款式更加多样化，既可以浪漫随性，也可以复古摩登。例如，宽廓型雨衣和披肩造型饰有流苏，展现出复古魅力；精细裁剪的呢大衣款式拼接流苏效果让整体服装透出一股前卫、个性的气质。

（三）抽褶工艺

袖口造型的丰富性使外套更加多样化。荷叶边是女童服装中最重要的元素之一，在大衣细节中更是占据突出地位。原创的荷叶边面料营造出精致的袖口效果，并能提升连衣裙的甜美感。超长罗纹袖口提供更好的防风和保暖效果，并赋予外套新的视觉风格。

（四）可拆卸工艺

可拆卸口袋设计创造了具有更大商业价值的模块化产品。可拆卸的口袋不仅是装饰性的，更强调了产品本身的功能性。附加口袋多采用同色面料，强调和谐统一，也可以用对比色和不均匀纹理装饰，提升整体风格效果（图1-14）。

图1-14 可拆卸工艺的运用

第二章

PART 2

童装设计思维与方法

第一节　童装设计的形式美法则

➊ 节奏与韵律

节奏与韵律是不可分割的统一体，是美的共同语言，是创造力与感受的关键。在童装设计中，节奏与韵律是指童装的局部形状或颜色的规律排列，如图案的密度、大小和颜色的深浅等。节奏与韵律的具体表现方式多样：多层分割，指服装结构的多层重复，如蛋糕裙设计；单色重复、多色重复，以及色调、亮度、纯度等的等量渐变；具有节奏感的面料使用，如规则变化的绗缝面料、提花面料等；在配饰上，如纽扣、丝带、珠子、蝴蝶结的重复排列。

➋ 对称与均衡

对称与均衡是形式美法则中的重要内容之一。对称指在设计中由相同或相似的形式进行平衡组合，从而形成和谐的整体。在童装设计中多采用左右对称、点对称、局部对称的形式，使每个组成的空间和谐地结合在一起。

构图的形式较多，可分为左右对称、上下对称、斜角对称、反转对称等。按对称的程度也可以分为完全对称和局部对称。由于完全对称往往给人强烈的稳重感、克制感，与孩子天真无邪的性格特征有很大不同，因此这种形式很少出现在儿童服装中。

在童装中比较常用的是局部对称，在许多童装中可以看到局部对称的图案设计。这些设计通常采用大面积的对称造型，然后用饰物、图案、徽章等打破完全对称的款式造型，从而削弱其过于稳重和成熟的感觉。

均衡是指动态相对稳定。与对称相比，均衡不仅稳定，而且充满活力、富有动感。因此，从某种角度来说，均衡比对称更符合儿童的心理特征。从满足服装功能的基本条件来看，服装的基本原型是对称的、稳定的、平衡的。对于童装来说，所谓均衡，就是在打破对称的基础上，在视觉效果中建立一个新的平衡。

从具体的应用来看，我们可以通过多种方式改变童装原有的对称性。例如，改变童装款式某部分的长、宽、面积；改变童装颜色的色相、明度、纯度、面积等；改变工艺的简洁或复杂程度；改变童装面料的厚度、软硬程度等；改变装饰物的颜色、位置、大小、形状等。然而，这种组成关系的不对称性是基于变化从而产生的美感。如果这种不对称性彻底冲破"美"这个关键词，就会打破服装的均衡，反而会带来混乱、不平衡的效果（图2-1）。

图2-1　对称与均衡

三—变化与统一

变化与统一是形式美法则中最基本、最重要的规则。变化与统一是概念上完全矛盾、应用上相辅相成的规律。没有统一的变化充满冲突，让人无法平静；没有变化的统一是枯燥乏味的，让人感到无趣。但在变化与统一之间，必须将其调和，使它们能够共存。

变化与统一的关系是对立的、相互依存的。在设计童装时，既要坚持多种款式和颜色，又要防止各种因素随意堆积，缺乏统一性。在力求秩序与美的统一时，也不能缺乏变化，以免给人带来沉闷、单调的感觉。因此，在统一中求变化，在变化中求统一，保持变化与统一的相关性，才能使童装设计精益求精。

在具体应用中，根据不同年龄段儿童的不同身心需求，通过调整童装中各元素的大小、长度、面积、密度、颜色、质地等元素，采用重复、穿插、融合、渐变等方式，最终达到服装整体效果的统一（图2-2）。

图2-2　变化与统一

第二节　童装设计的基本要素

一　童装款式设计

廓型和细节是服装款式设计的主要元素。童装廓型是指童装的外轮廓，它决定了服装的整体印象和风格，能反映出穿着者的个性、爱好和审美，细节是指童装的局部，如衣领、袖子、口袋、配饰等。它提供了服装的功能性，使童装更具美感。廓型和细节的结合可以让童装款式更加精致丰富。

服装廓型的体积状态是由服装材料与人体结合，以及一定的造型和工艺相结合形成的。这是展示和区分服装款式的第一要素，也是最先给人留下视觉印象的要素（图2-3）。由此可见，廓型在服装的整体风格中起着至关重要的作用，决定着服装的整体风格。

图2-3　廓型

童装款式在设计过程中受到以下条件的限制。

第一，童装的款式与儿童体型的变化相一致。在创作童装时，设计师必须考虑到不同年龄段儿童的身体成长变化。同时，还需要了解各个年龄段儿童的服用需求，以及不同身体部位变化的节奏和差异。例如，1~3个月的宝宝应该选择柔软、吸湿、轻便、易洗的棉质衣服，款式可以选择连体衣，穿脱比较方便。

第二，童装款式设计需要考虑到儿童具有强烈的好奇心和求知欲。玩具、卡通、动漫等都是童装设计中丰富的素材来源，这些丰富的元素可以成为设计师创造力的一部分。

第三，面料是服装设计的三大要素之一，也是童装款式的承载者。由于面料不同，服装款式可能会有很大差异。同时，面料的选择也会受到季节和服装特点的限制。春夏季节，宜选用颜色淡雅、触感舒适的面料，因为这个时段的衣服比较贴身；秋冬季节，应选用保暖性和色牢度高的面料，因为这个时段的服装更加注重防护性能。由于面料的重量、柔软度、厚度、密度直接影响童装的款式，因此，面料的特性必须与童装的型号特征相匹配。

第四，工艺也是影响童装款式的重要因素之一，不同的品种、款式和要求，其加工方法和制造程序也不同。优质童装，轮廓清晰，线条流畅，外观精致，不变形。不同的工艺处理技术会以不同的方式影响款式表现。尤其是现代科技手段不断更新，新工艺为服装设计开辟了无限可能，丰富了童装的内涵和结构，不仅拓展了服装的内部结构，也使得款式设计有了更大的发挥空间。设计师需要了解和掌握制造工艺对成衣效果的影响，以及运用特殊工艺巧妙表达设计理念。

第五，童装款式设计必须符合当今社会的审美需求和文化特征。设计师不仅要能够创造，还要能够分析市场，了解其方向。童装流行的颜色、面料，以及是否绿色环保等都是需要注意的因素。只有顺应市场需求，顺应流行趋势变化，才能完美体现童装的设计内涵。

二　童装面料设计

服装是人的第二层皮肤，面料的选择对孩子的成长和健康非常重要，也直接影响了服装的颜色和款式。了解面料的基本知识和种类，有助于更好地解读服装的款式特点。当今市场上的面料种类繁多，在选择面料时，童装设计应主要关注舒适性、安全性、环保性、吸汗性、透气性等面料特性。

面料直接影响服装的颜色、款式和形状。经济和科技的快速发展改变了人们的生活方式，随之而来的是人们对消费的认知和审美需求的变化。与此同时，人们对服装的需求也呈现出多元化发展的趋势。儿童不同于成人，他们的服装对面料的要求比成人更高、更严格。2008年10月1日，我国面向24个月及以下儿童的《婴幼儿服装》标准正式发布实施。婴幼儿服装的规范化有助于改善儿童的健康环境。

三　童装色彩设计

色彩是服装设计的三大要素之一。当人们看到一件服装时，颜色是最先传达视觉感知的要素。色彩是最具感染力的视觉语言，可以唤起人们的不同联想。色彩联想源于经验、生活、记忆，当人们看到某种颜色时，他们往往会联想到生活中的某些场景和事物。例如，有的人看到红色会想到鲜血，有的人看到红色会想到节日，有的人看到红色会想到太阳。这种将颜色与生活中的某些场景联系起来的想象属于联想。颜色联想与观察者的生活经验直接相关。因此，在设计服装颜色时，一定要分清对象，捕捉到不同年龄段儿童的特点，用颜色来体现设计的内涵，让服装真正符合色彩美的原则。

颜色识别的过程是通过人的生理和心理感知完成的，然后通过社会环境的影响和人们现实生活的各种需要而体现在生活中。童装色彩不仅具有丰富的科学内涵，而且与儿童身心健康的发展密切相关。这决定了儿童服装的颜色相比成人服装的颜色具有更大的独特性。有研究表明，婴幼儿如果经常被置于灰色、沉闷的环境中，会影响大脑和神经的发育，使孩子昏昏欲睡、反应迟钝；相反，如果孩子是在丰富多彩的环境中长大，则会变得机警和富有创造力。在设计童装时，设计师要注意色彩对儿童成长的各种心理和生理影响，关注儿童成长的心理过程，为儿童创造一个多彩的世界。

此外，一些特殊条件下的服装颜色也可以起到保护的作用。例如，儿童雨衣应选用明亮的颜色，用以在雨天提醒行人，避免发生交通事故；夜间出行时，儿童服装可采用反光材料，以警示路人和汽车驾驶员（图2-4）。

图2-4　明亮的色系：雨衣

儿童服装的配色方案应根据儿童心理和身体活动的特点。一方面，要契合儿童的心理和生理特点，帮助孩子养成良好的色彩审美意识；另一方面，童装的颜色要起到促进健康成长的穿着目的。

◢四▶─童装图案设计

图案是一种根据使用和装饰的目的，结合工艺、技术，通过一种艺术观念，对形状、颜色、装饰元素等进行设计，然后产生的图样。当图案以特定形状应用于服装上时，它就成为服装图案。服装图案是服装设计中不可替代的内容。衣服的图案和图案是两个不同的概念。服装图案依附于服装，具有从属性。服装图案的重要性在于提升服装的艺术魅力。

在童装设计中，由于受众群体的特殊性，图案设计显得尤为重要。童装中的图案可以局部使用，也可以装饰整体，既可以丰富服装的整体造型，又可以弥补服装款式上的不足（图2-5）。

图2-5　图案的整体使用与局部使用

图案是童装的重要组成部分。服装图案设计是一种综合思维的艺术创作。设计的关键点是图案要与服装的轮廓和结构保持一致，并与服装融为一体。根据儿童不同时期的身心特点，以及不同年龄段的不同需求，在设计童装图案时，必须遵循一定的原则，主要包括以下几点。

第一，儿童服装图案应符合儿童心理，体现儿童活泼、天真的特质，激发儿童的兴趣和想象力。一般来说，童装的图案大多简单且活泼灵动，色彩也比较鲜艳。它们主要基于日常生活的主题，多数是孩子们可以轻松学习和喜爱的内容，如借助卡通元素或卡通人物来表达他们浪漫而天真的特性。同时，由于儿童好奇心强、爱模仿的心理特点，童装上的图案通常具有一定的启蒙和教育作用，如以文字、数字等为素材，可以帮助儿童记住或认识这一内容。然而，在不同的时期，不同的孩子有着不同的性格、爱好、心理。这就要求童装上的装饰图案设计要多种多样，要符合不同儿童的兴趣爱好和个人特点。例如，在婴儿期，孩子的辨别能力不强，所以童装上的图案比较简单，颜色比较柔和、淡雅，出于安全考虑，不宜采用立体造型的图案。在幼儿时期，童装上的装饰图案开始丰富起来，往往会使用孩子们最喜欢的卡通形象，如孙悟空、圣诞老人、米老鼠、唐老鸭等卡通人物。通过了解不同时期儿童的心理，使图案设计有了理论基础。

第二，童装的图案应与童装的款式和结构相适应（图2-6）。童装的图案受款式结构的限制，要恰当地匹配服装的轮廓。例如，休闲宽松的T恤可有大面积的图案点缀，因此经常选择大而全的图案。经典款童装上的图案则主要运用在胸前、领角、袖口和下摆处，图案必须按照这些部件的形状和结构来设计。总之，作为支撑服装形象的内框，服装的结构对图案的形象和装饰部位也有严格的限制，图案的设计必须适合结构所界定的特定空间。

图2-6 图案的适应性原则举例

第三，服装图案也应符合服装功能。例如，童装在冬天需要保暖，图案设计也必须配合整件服装的这个功能，可以使用毛皮和羊毛等厚重的材料。对于颜色组合，则应该选择给人感觉温暖柔软的暖色。夏季，童装强调透气性和吸湿性，图案的设计也必须符合这一特点，可以选择薄而透气的材料、优雅的颜色、扁平的形状相结合。又如，幼儿活泼好动，图案表现载体要求牢固度好，以免在孩子运动时损坏图案的完整性。

不同年龄段儿童的童装设计要点

第三章

PART 3

童装设计与成人服装设计不同，因为儿童的心理和生理会随着年龄的不断变化而迅速变化。在每个年龄段，儿童的身体特征也不同。这是童装款式设计、结构设计、色彩设计的根本依据。不同年龄段的孩子对服装的颜色、面料、款式有不同的要求，特别是有些款式的童装只适合特定年龄段的孩子穿着。由此可见，童装设计具有鲜明的阶段特征。童装设计的目的是严格控制服装的功能性、实用性、安全性，以满足不同年龄段儿童对服装本身的需求。

第一节　儿童年龄阶段

根据儿童的年龄对服装进行分类，是童装设计中最主要的分类方式之一。

一—婴儿期（0~1岁）生理和心理特点

0~1岁是婴儿期，是潜意识吸收的阶段。这个阶段的孩子有超高的学习和记忆能力，他们以惊人的速度发展和成长。婴儿期孩童的主要体征是头大身小，身高约4个头长。0~6个月大的婴儿生长迅速，对环境感兴趣，但无法区分。7~12个月的婴儿开始牙牙学语，逐渐有了自己的意识，学会了爬行。婴儿期的生理特点是体温调节能力差、出汗多、皮肤娇嫩。另外，这一时期的孩童穿脱服装完全由父母代替完成。

二—幼儿期（1~3岁）生理和心理特点

1~3岁是幼儿期。在此期间，儿童的体重和身高成长迅速，体型特点是头大、肩窄、肚圆、身直。在这个阶段，孩子开始学走路、学说话，变得灵活好动，有一定的模仿能力，能简单理解事物，对鲜艳的色彩和活动十分注意。这个阶段也是孩子心理发展的启蒙时期，所以需要在服装种类上适当引导。

三—小童期（4~6岁）生理和心理特点

4~6岁的孩子处于学龄前期，也称幼儿园期。小童期的儿童体型特点是腰高、肩窄，胸、腰、臀三部分大小略有差异。这个时期的孩子智力和身体发育较快，能跑跳自如，有较强的语言表达能力，意志力逐渐增强。同时，这个时期的儿童可以吸收外在事物，接受教育，也可以展示自己的爱好，如学习唱歌、跳舞、绘画等。在家长的引导和培养下，男孩和女孩在性格、着装、爱好等方面的差异越来越明显。

四—中童期（7~12岁）生理和心理特点

7~12岁是中童期，即小学阶段。在这个阶段，性别引起的体质差异也越来越明显。女孩在这个时期开始出现胸围和腰围的差异，即腰围比胸围细。这时，孩子的生长速度减慢，体型变得匀称，四肢变长。这个阶段是孩子发展运动能力的时期，思想上也开始具有一定的想象力和判断力，在服装方面开始形成自己的态度和爱好。

五—大童期（13~17岁）生理和心理特点

13~17岁的初、高中生处于大童期，也称青春期。这个阶段，青少年的身体发育明显，体型变化很快，头身比例大约是1：7。男女性别特征明显，差别越来越大，女孩胸腰差别加大，男孩的身高、胸围、体重也明显增加。这个阶段的儿童开始出现追求个性表现的心理特征。

第二节　婴儿装设计要点

婴儿装是童装中品质要求最高的类别，由于婴幼儿的皮肤最为娇嫩，所以需要选用最柔软亲肤的面料，最安全舒适的款式，以确保对婴儿身心无危害。

一　款式

婴儿大部分时间都处于睡眠状态，这一时期的童装需要特别注重舒适性、安全性、实用性。款式上，尽量简单、扁平、宽松，用以保护娇嫩的皮肤和柔软的骨骼。新生儿服装不需要追求好看，但要宽松透气，穿脱方便。上下一体式结构可以减少接缝，使服装表面更光滑。裤子必须有适当的开合处才能更换纸尿裤，纸尿裤的发明也在一定程度上改变了童装设计的结构。对于婴幼儿，建议使用无领或无领座的交叉领，以方便孩子颈部的活动。不建议使用套头式，以免穿脱不便。服装连接部位可采用襻带、纽结等形式，避免粗硬的纽扣、拉链划伤稚嫩的肌肤。

常见的婴儿服装包括罩衫、围嘴、连衣裤、棉衣裤、睡袋等。罩衫和围嘴可以防止宝宝的唾液和食物污染衣服，保持卫生干净。连衣裤穿脱方便，宝宝穿起来也更舒适。睡袋可以起到保暖作用且更易于更换纸尿裤。婴儿装应易洗耐用，选用柔软、透气的棉、绒布，接缝处不应有硬结。

二　色彩

婴儿装主要以健康、舒适、安全为原则。在色彩方面，可以选择亮度适中、明晰度适中的优雅、清新的浅色，如乳白色、米白色、浅粉色、浅蓝色、浅黄色、淡紫色等。由于宝宝睡眠时间长，视神经还没有发育完全，衣服上的图案多是小而精致的，如花朵图案、动物图案等。清新、活泼的色彩选择既可以避免让孩子过多地接触染料，又能够衬托出娇嫩的肌肤。婴儿服装应避免使用夸张、怪诞的设计作为装饰，以免造成过度的视觉冲击，影响儿童的健康成长。

面料

在面料选择方面，建议使用吸湿性强、透气性好、对皮肤刺激性低的天然纤维，可有助于保护婴儿的皮肤健康，并且有益于新陈代谢。例如，纯棉面料柔软、贴身，吸湿性、透气性都非常好；绒布手感柔软，温暖且无刺激性。此外，婴儿装还可以使用细布或纱府绸，应避免使用化学纤维材料。

四 结构与工艺

婴儿服装应确保舒适性、卫生性、安全性。营造这样的穿着环境，需要充分考虑服装与婴儿身体、动作的空间关系。例如，在睡袋设计中，正面或背面是开襟设计，这是因为婴儿的衣服是由父母进行穿脱的。背带裤的设计是用肩带代替腰带，用肩部承载服装的重量，缓解腹部压力，保护内脏发育，促进婴儿生长和运动。由于婴儿排便不能自我控制，所以传统开裆裤的结构显然不符合卫生要求：一是裆部失去保暖功能；二是在孩子活动（尤其是爬行）过程中很容易散开，失去保护功能。设计合理的裤子应该在下裆部位有开口，且用搭扣作为开合方式。

五 图案

对于婴儿服装，建议使用比较简单、可爱的图案，颜色偏柔和、淡雅。例如，动物、植物、玩具等图案，不仅天真有趣，还能减少图案对婴儿的视觉刺激。图案可以装饰在口袋、衣领、胸前等处，也可以用于整件服装上。

第三节　幼儿装设计要点

幼儿行动灵活，活跃度远高于婴儿。随着大脑的发育和意识的增强，孩子们对衣服的颜色、图案逐渐会形成自己的偏好。因此，在设计幼儿装时，设计师必须对幼儿有深入的了解，才能创造出满足幼儿需求的服装。

一 款式

幼儿装的造型不仅要好看，还要兼顾幼儿的体型特征。服装的整体造型应该轮廓简洁，如H型或A型。女童的款式多以A型为主，如连衣裙、外套、罩衫等。在肩部或胸前可做育克、褶裥、刺绣等，服装自上向下展开，腰线较高，可有效改善视觉比例。男童服装的外轮廓多为H型或O型，如T恤、哈伦裤等。由于幼儿颈部较短，领子的设计要简单、平整、柔软，避免花边装饰。在春、秋、冬季，可以使用圆领、方领、娃娃领等；在夏季，可以使用V型领、圆领等。口袋是童装设计中的重要部分。蹒跚学步的孩子非常喜欢口袋，并经常将小东西放在口袋里。口袋的设计要兼顾功能性和装饰性，形状要有趣，缝合要牢固。

幼儿装品类通常包括外套、毛衣、衬衫、背心、裤子、裙子等。

二 色彩

鉴于幼儿视力发育尚未完全，鲜艳明亮的色彩视觉冲击力较强，长时间接触过于明亮的色系会影响幼儿视力的发育。即使幼儿偏爱明亮、偏暖的色调，家长在选择服装的过程中也应该选择纯度较低的颜色，如粉红、粉蓝、深绿色等。另外，考虑到幼儿活泼好动容易弄脏衣服，因此在服装色彩的搭配上，也可以适当搭配一些灰色、咖啡色、黑色等深色系服装。

三 面料

幼儿期儿童活泼可爱，对周围的世界充满新鲜感，所以在面料方面可以选择质地耐用、耐污、耐磨、弹性好的天然面料。由于童装的洗涤频率较高，易洗、快干的面料也是最佳选择。

春夏季节可使用柔软、凉爽、透气、吸水的棉布或精纺面料，尤其是各种纱线密度高的针织面料等。秋冬季节，建议使用灯芯绒、斜纹布、卡其布等保温性好、耐洗、耐用的面料，以及由棉和化纤制成的柔软、易洗的面料，如摇粒绒、灯芯绒、粗花呢等。这个年龄段的孩子，通常都有随处乱坐、揉搓的习惯，所以在膝盖、肘部等关键部位需要缝上涤纶、斜纹布、灯芯绒等面料进行加固。

四 结构与工艺

幼儿期童装的结构应考虑其实用功能。为了让孩子能够便于穿脱，门襟的位置和大小需要合理，多设计在前中心线上，采用全开合扣的方法。幼儿皮肤娇嫩，应避免在服装上使用拉链，可优先用按扣设计来代替拉链的功能。幼儿的肚子偏圆，所以腰部很少用收腰设计。幼儿非常活跃，所以接缝应该牢固，以防止运动时衣服开裂。

五 图案

幼儿图案装饰以仿生设计为主，不仅具有独特的装饰效果，而且有助于启发孩子认识生活、认识自然。例如，口袋是幼儿的"百宝袋"，可以吸引他们的注意力。口袋可以制成动物、植物等形式，既实用，又有趣。又如，带有生肖的童装，不仅为孩子营造了一种独特的童心，还鼓励孩子们热爱动物、保护环境。童装的衣领、口袋、帽子等局部设计，可以用颜色和形状来表现。当融入一个连贯的整体时，它们可以成为人们关注的焦点，让童装更充满童趣。

第四节　小童装设计要点

小童时期的服装从简单的块状结构走向了注重结构和细节，但仍要遵循减法原则，细节不应该太繁琐。

一 款式

一般来说，小童服装的造型与幼儿服装相似，但轮廓相对明确，常见的廓型有A型、X型、H型和O型。这一时期，男童和女童的衣服设计会有明显差异。男童的服装往往采用H型、O型的轮廓，下身多为宽松、舒适的裤子。女童的衣服多为X型和A型，以展现出柔美的女孩气质。女童服装主要采用连衣裙、吊带裙、马甲裙等裙装款式。在细节方面，女童的装饰比男童更优雅、花哨，多为图案和蕾丝，而男童的服装则偏简单明了。这种风格上的差异让孩子们可以通过生活中的穿衣戴帽来发展自己的审美趣味与独立意识。

小童服装品类有连衣裙、吊带裙、半身裙、长裤、短裤、衬衫、外套、帽衫、夹克等（图3-1）。

二—色彩

这个时期的儿童喜欢高明度、鲜艳的色彩，不喜欢灰色系的中性色调。设计师可以使用红色、绿色、黄色、紫色等高明度的纯色搭配动物、卡通、花卉等设计，进而表达孩子们的童

图3-1 日常生活中的女童服装：半身裙、衬衫、马甲

真、童趣。当然，这种搭配风格并不是一成不变的，它会随着流行色彩的影响不断变化。

三—面料

在面料方面，不易褪色、耐用的纯棉、亚麻以及混纺织物是理想的面料。在秋冬季的外套设计中，除了使用纯棉外，羊毛、混纺等面料也适用，不仅形状好、色泽鲜艳，而且易于打理和存放。

四—结构与工艺

现阶段，童装设计应注重实用性和防护性，结构也要科学合理。在选择花边、搭扣、刺绣等装饰方面不需要太多限制，在穿脱方式上可以选择套头式或前门襟开合等设计。

这一时期的小童需要上幼儿园，为了穿脱方便，最好选择上衣和下裤分开的组合方式，并根据天气情况适时增减。其次，裤子的基本形状要宽松，立裆高度要适当加长，在脚踝处加松紧带，可方便孩子活动。服装的开口或扣件应在正面或侧面，设计于更容易看到和摸到的部位。搭扣必须牢固，口袋的设计要实用，做工需要结实耐用。

五—图案

为适应小童期儿童的心理，服装上的图案设计多种多样，主要以人物、动物、花卉、玩具、文字等为主。5~6岁的孩子好奇心强，对卡通特别感兴趣。在服装中加入流行的卡通人物或动物形象作为图案点缀，不仅可以吸引孩子的注意力，同时也可以提高服装本身的装饰性。

第五节　中童装设计要点

中童期的儿童已经进入上小学的阶段，正处于从幼儿到青春期的过渡期，这也是运动能力和智力发展最快的时期。他们逐渐开始有了更为广阔的视野和较强的个性。因此，中童装的设计更多地需要考虑到户外活动和集体生活的具体情况。

一—款式

中童时期，童装已经从绝对的功能性和实用性发展到需要兼具时尚流行性。在这个阶段，孩子们对衣服的颜色、款式等设计都有了自己的看法。从外观上看，中童时期的童装多为宽松的运动装。

到了中童时期，男孩和女孩的身体差异越来越明显。男孩在日常学习生活中运动较多，如踢足球、打篮球、玩滑板等。因此，男中童服装多以干净、简洁为主，廓型大多采用O型、H型等，一般应避免过于花哨的装饰图案。女中童服装的轮廓则以X型、H型、A型等为主，裙子的分割线也更贴合人体。

二—色彩

一般情况下，童装的颜色不宜太过鲜艳，和谐的颜色搭配能够获得令人愉悦的效果。在校园集体生活中，中童以穿校服为主，校服的颜色多以蓝色、白色、红色等为主；节日礼服多使用明亮、鲜艳的色彩来烘托节日气氛；春夏季服装色彩以清新、活泼为主，如天蓝色、浅黄色、白色、草绿色等；秋冬季服装主要以土黄色、深蓝色、深绿色、咖啡色、深红色等温暖的色调为主。

三 面料

中童时期的童装面料适用范围广泛，天然面料和人造面料均可使用。吸湿性强、透气性好、悬垂性好的棉纺织面料可用于制作内衣和连衣裙。外衣可选用柔软、舒适、耐洗、不褪色、不缩水、耐磨的天然纤维面料或混纺面料等。混纺面料优雅、美观、易洗、易干、弹性好，如色织涤棉平纹布、灯芯绒、牛仔布、涤纶织物、斜纹布等耐用面料。天然纤维和人造纤维的结合还可以创造出质地对比、软硬对比、粗细对比等多种效果。这一时期童装的性别差异明显，可以根据男、女童装的具体款式灵活选择不同面料。

四 结构与工艺

中童时期的男、女童服装不仅在款式上有区别，在结构和工艺上也有所不同。随着女童年龄的增长，胸腰差越来越明显，因此，在结构上需要有收省道的设计。其次，女童装的工艺设计更加丰富，如有很多蕾丝边处理等。男童活泼好动，运动量大，在结构和工艺方面主要考虑服装的强度和安全性。中童通常采用上衣、背心、裙子或裤子的组合搭配。

五 图案

中童装的图案装饰以清爽、干净为主，如字母、花朵、动物等装饰图案，或使用一些拼接的色块，通常会起到画龙点睛的作用（图3-2）。

图3-2　图案装饰

第六节　大童装设计要点

大童装介于成人装和童装之间。在这一阶段，儿童开始在身体和心理上接近成人，因此在款式和造型上都更为丰富和灵活。

一、款式

大童时期，春夏季服装通常以T恤、衬衫、短裤、长裤的组合为主；秋冬季则多为针织衫、夹克、风衣、羽绒服、长裤的组合。在服装装饰方面，应减少图案的点缀，局部造型简洁。

设计师应充分考虑这一阶段儿童的身心变化特点，兼顾服装的审美需求。

二、色彩

大童时期，孩子们的自我意识逐渐增强，红色、白色、黄色、粉色、蓝色、绿色以及其他充满活力的颜色相结合，可以营造出积极、健康的童装形象。另外，一些中性的色彩搭配也是大童装的色彩选择（图3-3）。

图3-3　中性色系的运用

三 面料

大童时期服装面料的选择非常广泛，但面料的性能特点必须满足学生运动和体质发展的需要（图3-4）。校服、休闲服主要采用牛仔面料、涤纶面料；家居服主要采用天然纤维面料。

图3-4 多种面料材质的运用

四 结构与工艺

为适应大龄儿童的快速成长，服装的结构和板型多以宽松为主，还经常结合各种分割线结构，结构与工艺接近成人服装，能很好地表现少年朝气蓬勃的精神面貌。

五 图案

大童的服装图案已经趋向成人服装图案，具有一定的现代装饰趣味。这一时期，儿童注重校园团队活动，日常着装也多为校服，校服上通常装饰有学校名称和校徽等标志性设计，图案优美简洁，位置多设计于前胸袋、领角、衣袖等处。

第四章

PART 4

儿童春夏装 设计案例

根据季节，儿童休闲装可划分为春装、夏装、秋装、冬装四类，服装公司通常将其分为春夏、秋冬两季进行开发设计。除了满足不同季节和现实生活的需要外，儿童服装还要以实用性、舒适性、美观性、安全性为主。儿童的春夏服装按照服装品类，可以进一步划分为包屁裤、背心、T恤、衬衫、卫衣、短裤、半身裙、背带裙、连衣裙、背带裤、套装、家居服等品类。

第一节　包屁裤

包屁裤一般是连体设计便于穿脱。上衣部分的打开方式一般是使用包软布的按扣，须避免使用硬质纽扣或拉链，以免伤到婴幼儿娇嫩、细腻的肌肤；下装部分多采用比较宽松的南瓜裤造型，并且在裤脚口做松紧设计，穿着舒适且整体造型非常可爱。包屁裤是婴幼儿的贴身衣物，在面料上会使用纯棉质地，在色彩设计上也要适合婴幼儿年龄阶段的生理特征（图4-1~图4-6）。

图4-1　包屁裤案例一

图4-2 包屁裤案例二

图4-3　包屁裤案例三

图4-4 包屁裤案例四

图4-5 包屁裤案例五

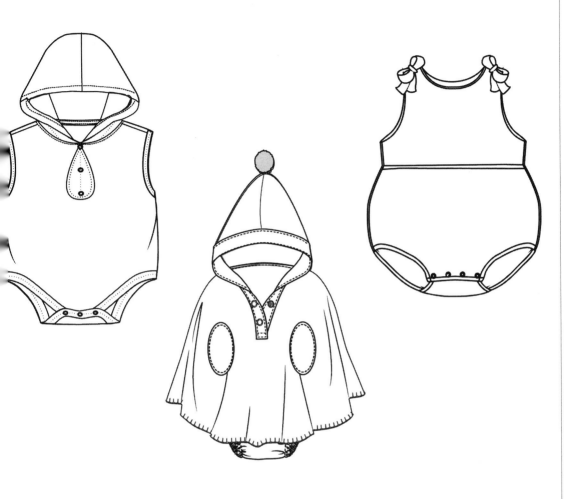

图4-6 包屁裤案例六

第二节　背心/T恤

　　背心和T恤是春夏服装中最常见的童装品类，可以搭配裤子、裙子等。T恤因其舒适、休闲、美观的特点而深受家长和孩子们的喜爱。儿童T恤的领型通常有圆领、翻领、V领等，袖子分为长袖、中袖、短袖。无领、无袖的T恤又被称为背心（图4-7~图4-16）。

图4-7 背心／T恤案例一

图4-8 背心 / T恤案例二

图4-9　背心 / T恤案例三

图4-10　背心／T恤案例四

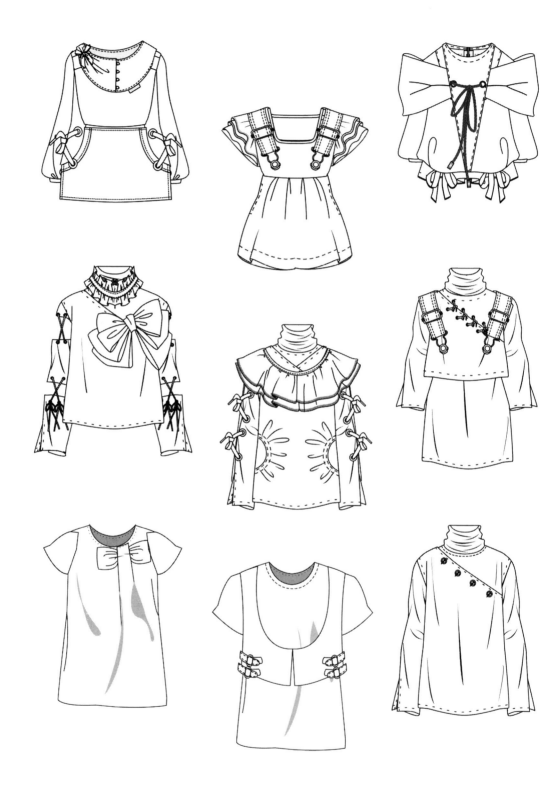

图4-11　背心／T恤案例五

图4-12　背心 / T恤案例六

图4-13 背心／T恤案例七

图4-14　背心 / T恤案例八

图4-15　背心 / T恤案例九

图4-16　背心 / T恤案例十

第三节　衬衫

　　衬衫是春夏童装中较为重要的品种之一。衬衫的分类方式很多。例如，根据袖子的长短，可分为长袖衬衫、中袖衬衫、短袖衬衫、无袖衬衫；根据款式的风格，可分为休闲衬衫、正装衬衫；根据图案的设计，可分为素色衬衫、格子衬衫、条纹衬衫等。衬衫非常实用，既可内穿，也可外穿，可以搭配裙子、裤子、夹克、风衣等服装穿着（图4-17~图4-24）。

图4-17　衬衫案例一

图4-18 衬衫案例二

图4-19　衬衫案例三

图4-20　衬衫案例四

图4-21 衬衫案例五

图4-22 衬衫案例六

图4-23 衬衫案例七

图4-24　衬衫案例八

第四节　卫衣

　　卫衣廓型比较宽松，是针织运动服的一种，面料通常较厚，几乎适合所有
年龄段的儿童穿着。卫衣的下摆和袖口通常由相同的罗纹面料制成（图4-25~
图4-32）。

图4-25　卫衣案例一

图4-26 卫衣案例二

图4-27 卫衣案例三

图4-28 卫衣案例四

图4-29 卫衣案例五

图4-30　卫衣案例六

图4-31　卫衣案例七

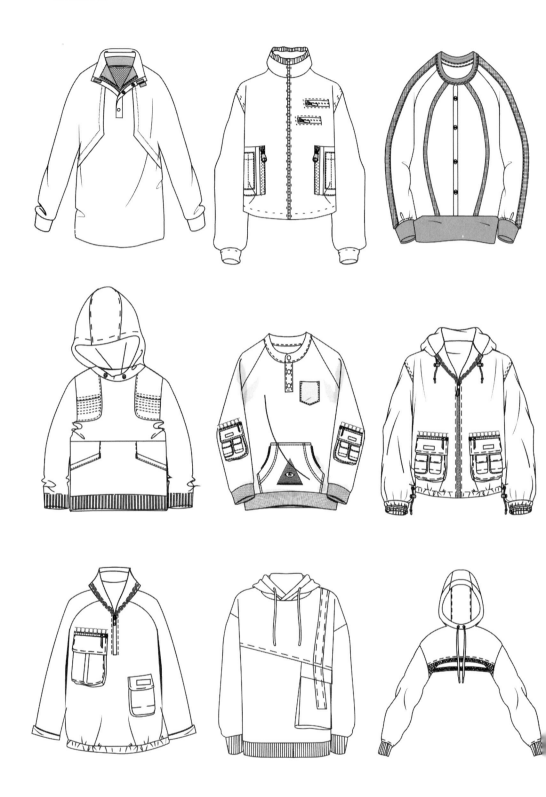

图4-32 卫衣案例八

第五节　短裤

　　裤装是四季不可缺少的服装品种之一。短裤通常出现在春夏两季，其面料轻薄，质地柔软。短裤主要使用棉麻织物或混纺织物制成。儿童短裤的设计应适合活动需要，不能因过紧而限制身体活动。由于孩子们活动量大，臀部和膝盖处易磨损，因此可采用拼接设计。童装短裤腰部的形状不要太复杂或太宽，以免影响舒适度，腰部多为松紧带或罗纹，穿脱方便。口袋设计是儿童短裤的典型设计元素。裤子的正面和背面可以有贴袋、挖袋、袋中袋等（图4-33~图4-40）。

图4-33　短裤案例一

图4-34　短裤案例二

图4-35 短裤案例三

图4-36　短裤案例四

图4-37　短裤案例五

图4-38　短裤案例六

图4-39 短裤案例七

图4-40　短裤案例八

第六节　半身裙

半身裙是女童的日常服装之一。在细节装饰设计上，可以采用拼贴、分割等多种方式来进行变化设计，搭配T恤、衬衫、毛衣、外套等上衣，休闲而时尚（图4-41~图4-50）。

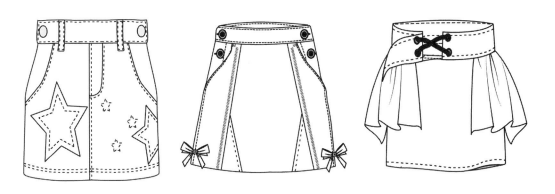

图4-41 半身裙案例一

图4-42 半身裙案例二

图4-43　半身裙案例三

图4-44 半身裙案例四

图4-45 半身裙案例五

图4-46　半身裙案例六

图4-47　半身裙案例七

图4-48　半身裙案例八

图4-49 半身裙案例九

图4-50 半身裙案例十

第七节 背带裙/连衣裙

连衣裙指将上身和下身连接在一起的裙装，根据穿着季节的不同，可以分为长袖连衣裙、中袖连衣裙、短袖连衣裙、无袖连衣裙等。背带裙是连衣裙中的一种，也是女生常穿的裙装款式，无领无袖，裙子上面配以背带，背带可宽可窄，可有很多变化，穿着时背带将裙子吊起，方便实用。上衣和裙子的各种变化因素的设计和组合，可以形成不同风格、廓型的连衣裙（图4-51~图4-60）。

图4-51 背带裙案例一

图4-52　背带裙案例二

图4-53 连衣裙案例一

图4-54　连衣裙案例二

图4-55 连衣裙案例三

图4-56　连衣裙案例四

图 4-57 连衣裙案例五

图4-58　连衣裙案例六

图4-59 连衣裙案例七

图4-60　连衣裙案例八

第八节　背带裤

　　背带裤是童装中重要的服装品类之一。从长度上看，可以将背带裤分为长裤、七分裤、中裤和短裤。大部分有背带的裤子都比较宽松，款式非常活泼可爱，常见的材料包括灯芯绒、卡其布、莱卡、牛仔布等（图4-61~图4-67）。

图4-61　背带裤案例一

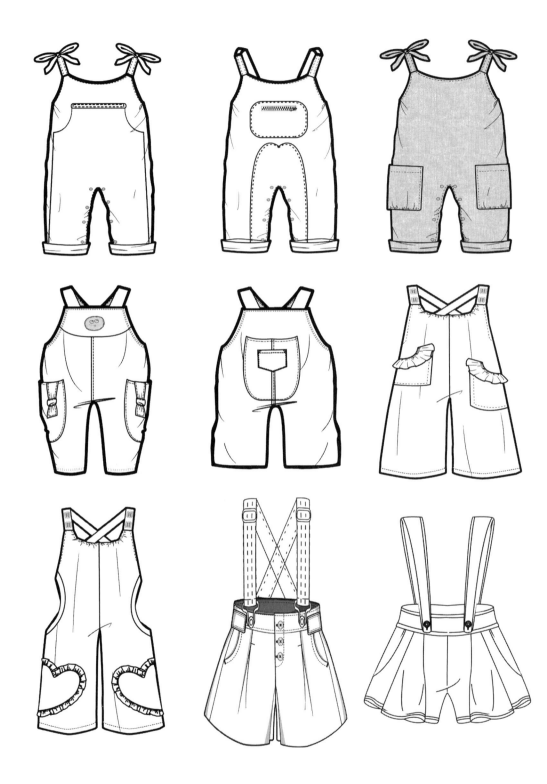

图4-62 背带裤案例二

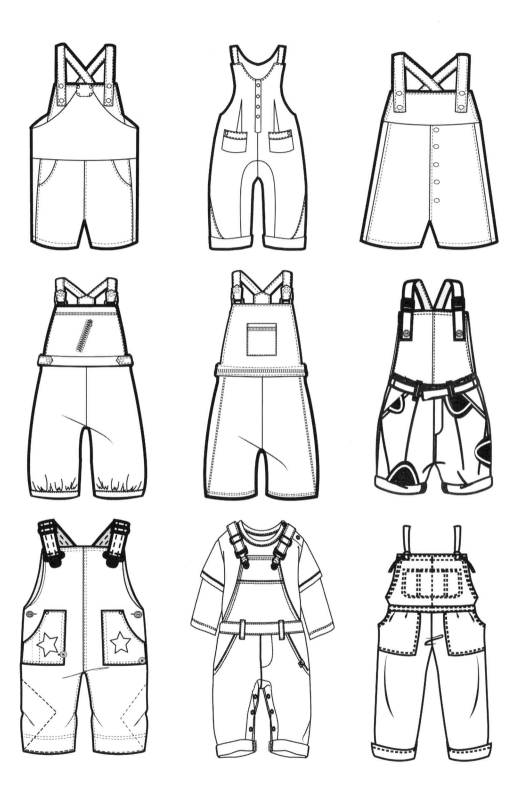

图 4-63　背带裤案例三

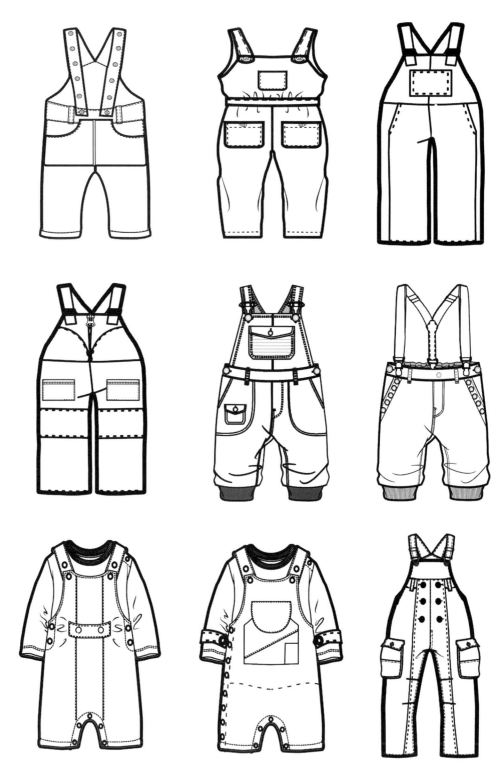

图4-64 背带裤案例四

图4-65 背带裤案例五

图4-66 背带裤案例六

图4-67 背带裤案例七

第九节　套装

　　套装是儿童日常穿着的各式服装组合。套装在春夏季时通常会由T恤搭配短裙或短裤，衬衫搭配裤装或裙子，短袖上衣搭配背带裙；秋冬季时由长裤搭配毛衣、衬衫、夹克、大衣、羽绒服等。不同类型的服装相搭配，可以展现不同的视觉效果。通常会使用相同或类似的面料材质、颜色图案等，使上下装互相呼应（图4-68~图4-73）。

图4-68　套装案例一

图4-69 套装案例二

图4-70　套装案例三

图4-71 套装案例四

图4-72 套装案例五

图4-73　套装案例六

第十节　家居服

　　家居服是儿童在家穿着的服装。儿童家居服最为重要的是穿着的舒适性，并且要适合孩子的年龄特点。款式上应简约大方，没有过多的开衩和拼接，以免影响肌肤接触的舒适度。面料通常使用柔软、吸湿、透气的纯棉面料，如纯棉布、单双面绒布等。图案一般会使用孩子们喜欢的卡通、动物、植物等造型。色彩搭配应与家居装饰风格和各年龄段儿童的身心需求相匹配，以柔和、美观、典雅、纯洁的色彩为主。

家居服的廓型大多是直筒型或宽松型，领型多为翻领、平领、无领等，口袋通常为贴袋设计。在大多数情况下，纽扣应该是平的，这样不会挤压皮肤。儿童家居服套装主要靠袖长和面料厚度的变化来适应不同季节变化的需要。男童家居服的主要形式是睡衣套装，而女童的睡衣则是睡衣套装或睡裙（图4-74~图4-79）。

图4-74　家居服案例一

图4-75 家居服案例二

图4-76 家居服案例三

图4-77 家居服案例四

图4-78 家居服案例五

图4-79　家居服案例六

儿童秋冬装设计案例

秋冬季节儿童服装的设计应能满足儿童保暖需求，适用于秋冬季的穿着需要，以实用性、舒适性、美观性、安全性为主。儿童秋冬装依据品类主要分为毛衫、套头衫/卫衣、马甲、夹克、大衣、棉服/羽绒服、连衣裤、中长裤/长裤等。

第一节　毛衫

毛衫可以单独穿着，也可以搭配外衣和内衣，具有四季适用、组合灵活、经济实用等特点。儿童毛衫按编织方法分为手织和机织两大类。手织是一种比较传统的工艺，是手工编织而成的，大多是由长辈亲手编织的，借以表达对年轻一代的感情。机织是一种现代工业化生产方式。如今，随着横机、网眼机、电脑提花机等各种针织设备的出现，毛衫向着多样化、高效化生产发展。

毛衫具有质地柔软、吸湿性好、透气性好、弹性和延展性优良等特点，在儿童的家居服、休闲服、运动服的创造和应用中具有独特的优势（图5-1~图5-8）。

图5-1 毛衫案例一

图5-2　毛衫案例二

图5-3　毛衫案例三

图5-4 毛衫案例四

110

图5-5 毛衫案例五

图5-6　毛衫案例六

图5-7　毛衫案例七

图5-8　毛衫案例八

第二节　套头衫/卫衣

　　套头衫指套头式的针织上衣，也叫卫衣。套头衫的面料柔软光滑，具有较大的弹性和较大的放松量，穿着舒适休闲且便于活动（图5-9~图5-16）。

图5-9　套头衫/卫衣案例一

图5-10　套头衫/卫衣案例二

图5-11 套头衫/卫衣案例三

图5-12　套头衫/卫衣案例四

图5-13　套头衫/卫衣案例五

图5-14 套头衫/卫衣案例六

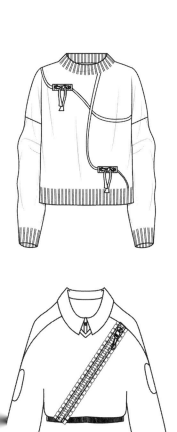
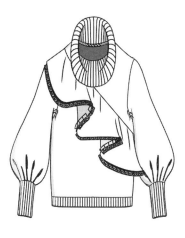
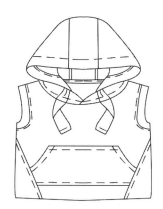

图5-15　套头衫/卫衣案例七

图5-16　套头衫/卫衣案例八

第三节　马甲

　　马甲是一种无袖外衣。商务马甲搭配正装是较为正式的装束；休闲马甲的款式、造型、结构都偏休闲。马甲可以穿在外面保暖，也可以穿在里面增加服装层次感。马甲分为单马甲和绗缝马甲两种。单马甲可以是单层或有衬里的背心；绗缝马甲内填充有羽绒、棉等厚实蓬松的填充物（图5-17~图5-21）。

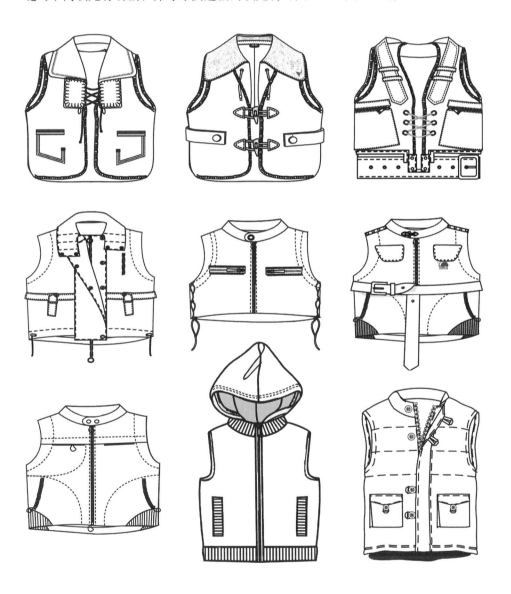

图5-17　马甲案例一

图5-18 马甲案例二

图5-19　马甲案例三

图5-20 马甲案例四

图5-21　马甲案例五

第四节　夹克

　　夹克是一种短外套，其款式特征为：短款，一般长度至臀部和腰部，上身宽松，下摆收紧，袖子收紧；廓型宽松，在领口、袖口、下摆等处可以有罗纹；前门襟可用拉链，也可用纽扣。根据季节的不同，夹克可分为单夹克、双衬夹克、绗缝棉夹克、皮夹克等（图5-22~图5-31）。

图5-22　夹克案例一

图5-23　夹克案例二

图5-24 夹克案例三

图 5-25 夹克案例四

图5-26 夹克案例五

图5-27　夹克案例六

图5-28　夹克案例七

图5-29　夹克案例八

图 5-30　夹克案例九

图 5-31　夹克案例十

第五节　大衣

　　大衣适合大部分年龄段的孩子在秋冬季穿着，能起到很好的防风作用。儿童大衣的形状与成人款式基本相同：衣领有翻领、立领等，门襟有单排扣或双排扣，袖子有插肩袖、装袖等。在面料上，大衣主要使用毛呢面料、防水尼龙面料、混纺面料等。在颜色方面，男童的大衣颜色通常以深色为主，如藏青色、墨绿色、灰色等；女童的大衣颜色比较鲜艳、明朗（图5-32~图5-38）。

图5-32　大衣案例一

图5-33 大衣案例二

图5-34 大衣案例三

图5-35 大衣案例四

图5-36 大衣案例五

图5-37　大衣案例六

图 5-38　大衣案例七

第六节 棉服 / 羽绒服

棉服与羽绒服是寒冷季节的必备服装（图5-39~图5-45）。棉服是由棉花填充而成的，羽绒服是由鸭绒、鹅绒等填充物制成的。填充物一定要选用质量有保证的材料，否则会危害儿童的健康。羽绒服大多造型宽松，面料蓬松、柔软、舒适，并具有极佳的保温性能；腰部和肩部应有足够的放松量，以便于活动或内搭其他衣服御寒；袖口和下摆部的罗纹可以防风防寒，增加热量。

图5-39 棉服/羽绒服案例一

图5-40 棉服/羽绒服案例二

图5-41　棉服/羽绒服案例三

图5-42　棉服/羽绒服案例四

图5-43　棉服/羽绒服案例五

图5-44　棉服/羽绒服案例六

图5-45 棉服/羽绒服案例七

第七节 连衣裤

连衣裤是婴幼儿的基本服装，也可称为"爬爬衣"。连衣裤的款式特征是上衣和裤子相互连接，无腰部束缚。连衣裤可以有效保护儿童腹部，避免着凉，面料上主要采用针织面料（图5-46~图5-52）。

图5-46 连衣裤案例一

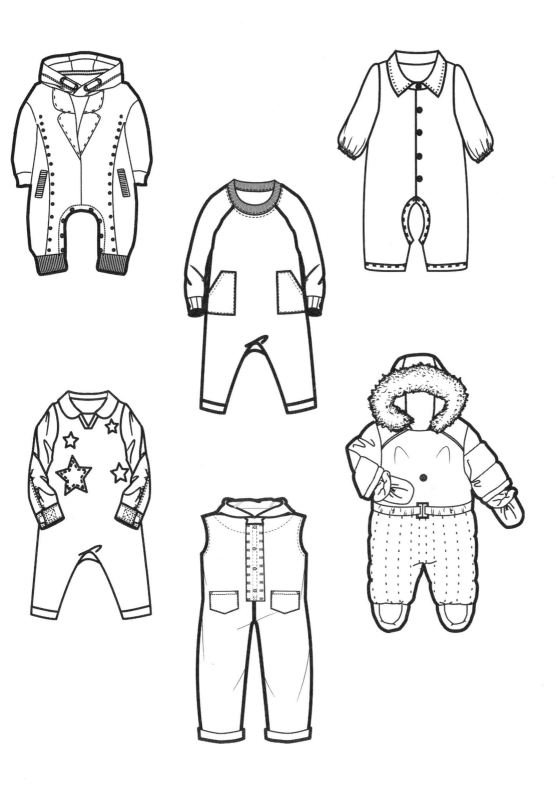

图5-47 连衣裤案例二

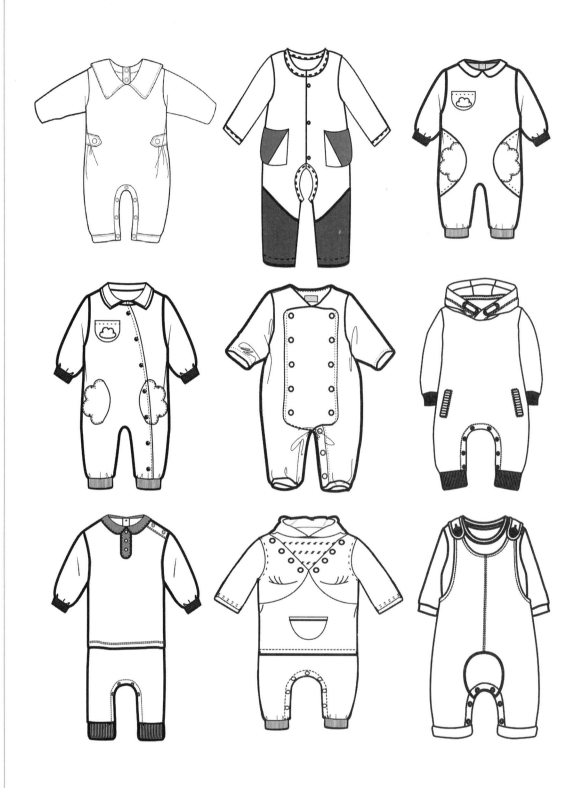

图5-48 连衣裤案例三

图5-49　连衣裤案例四

图 5-50　连衣裤案例五

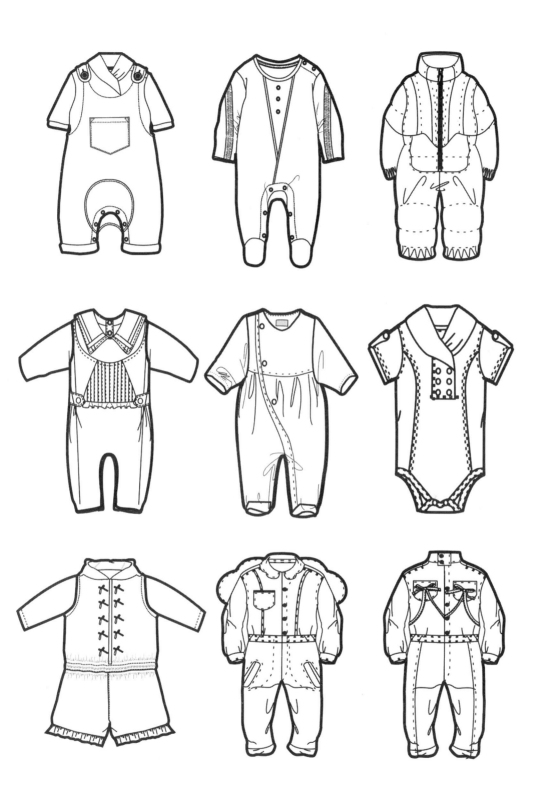

图 5-51 连衣裤案例六

图5-52　连衣裤案例七

第八节 中长裤/长裤

　　童装裤中，根据长度可分为短裤、中长裤、长裤；根据廓型可分为喇叭裤、直筒裤、锥型裤等；根据面料可分为牛仔裤、灯芯绒裤、卡其布裤等。为了满足儿童活动需求，在结构设计时必须注意活动松量的设计，不要过多地限制身体。腰部多使用松紧带或罗纹，以便于穿脱。中童、大童的腰部可以使用拉链或纽扣。口袋设计是童装裤的典型装饰元素，如贴袋、开袋等，口袋的大小和形状可以作为裤装的装饰细节（图5-53~图5-63）。

图5-53 中长裤案例一

图5-54 中长裤案例二

图5-55　中长裤案例三

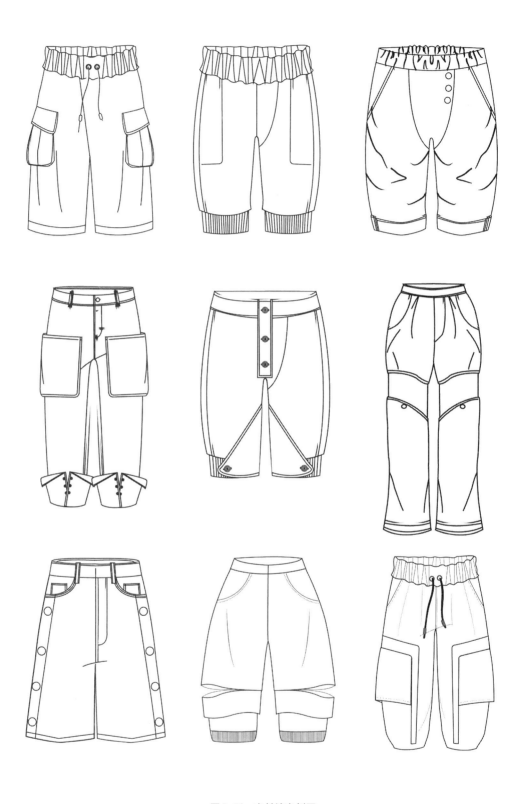

图5-56　中长裤案例四

图5-57　中长裤案例五

图 5-58　中长裤案例六

图5-59　中长裤案例七

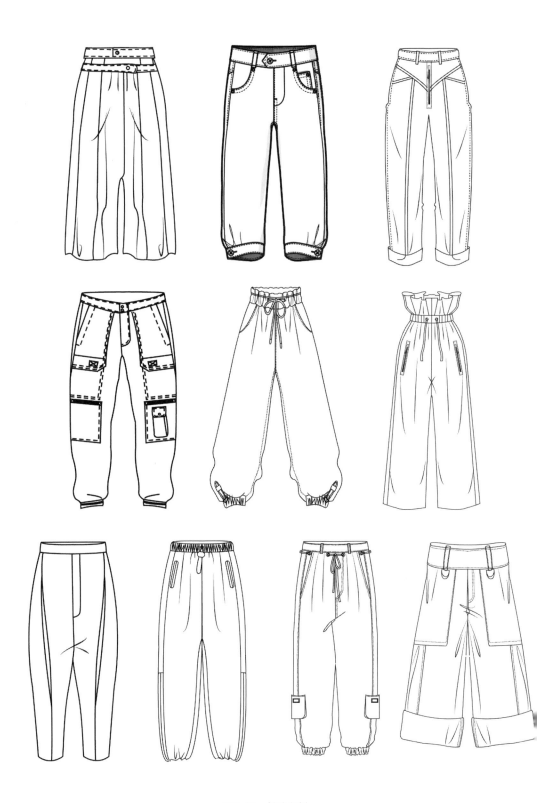

图5-60　长裤案例一

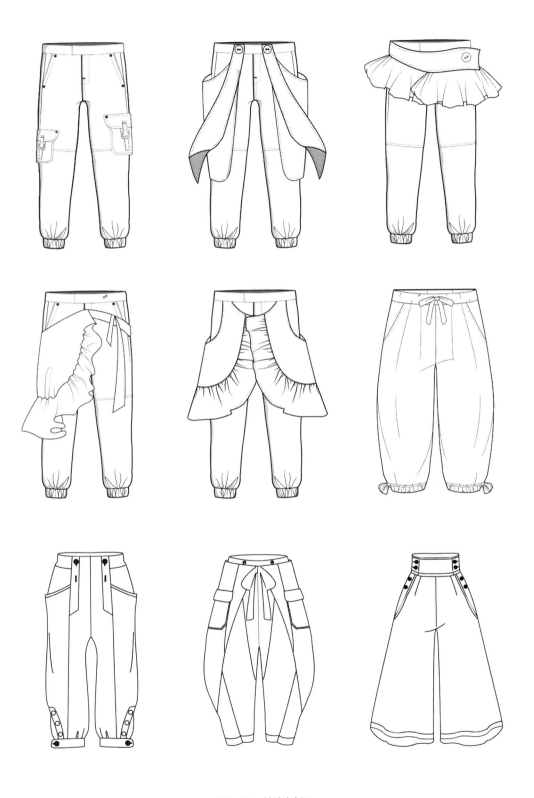

图 5-61　长裤案例二

图5-62 长裤案例三

图5-63 长裤案例四

后 记
POSTSCRIPT

　　《服饰绘：童装款式设计1288例》的编纂工作持续了三年，期间研究了大量与童装设计相关的作品，加之自己对童装设计的浅见，终于完成了本书。本书详细展示了童装设计的设计理念和应用，并配备了大量的应用实例，图文并茂，介绍了童装设计领域的相关知识，希望可以帮助时装设计专业师生以及相关从业人员更好地理解童装款式设计的方方面面。

　　因笔者学识有限，书中难免存在错漏之处，欢迎各位专家和读者指正。

笔者

2022年10月